Chandan Deep Singh
Rajdeep Singh
Harleen Kaur

Avaliação do desempenho da SCM na indústria transformadora

Chandan Deep Singh
Rajdeep Singh
Harleen Kaur

Avaliação do desempenho da SCM na indústria transformadora

ScienciaScripts

Imprint

Any brand names and product names mentioned in this book are subject to trademark, brand or patent protection and are trademarks or registered trademarks of their respective holders. The use of brand names, product names, common names, trade names, product descriptions etc. even without a particular marking in this work is in no way to be construed to mean that such names may be regarded as unrestricted in respect of trademark and brand protection legislation and could thus be used by anyone.

Cover image: www.ingimage.com

This book is a translation from the original published under ISBN 978-620-2-05949-7.

Publisher:
Sciencia Scripts
is a trademark of
Dodo Books Indian Ocean Ltd. and OmniScriptum S.R.L publishing group

120 High Road, East Finchley, London, N2 9ED, United Kingdom
Str. Armeneasca 28/1, office 1, Chisinau MD-2012, Republic of Moldova, Europe
Printed at: see last page
ISBN: 978-620-7-89704-9

ÍNDICE

Capítulo 1　　2

Capítulo 2　　16

Capítulo 3　　23

Capítulo 4　　25

Capítulo 5　　45

Capítulo 1

1. Introdução

Atualmente, as empresas estão geralmente expostas a mercados altamente exigentes. Estes mercados são frequentemente caracterizados por serem turbulentos e dinâmicos, o que significa que as necessidades dos clientes podem mudar rapidamente e, muitas vezes, de forma imprevisível. Para além disso, os mercados são frequentemente vistos como fortemente segmentados e orientados para o mundo. Clientes diferentes exigem produtos e serviços diferentes, o que leva a que as empresas tenham de lidar com mercados segmentados, múltiplas variedades de produtos e personalização. A presença da concorrência global obriga as empresas a satisfazerem estes requisitos de forma mais rápida, melhor e mais barata.

"A concorrência está no centro do sucesso ou do fracasso das empresas... A estratégia competitiva é a procura de uma posição competitiva favorável numa indústria, a arena fundamental em que a concorrência ocorre. A estratégia competitiva tem como objetivo estabelecer uma posição rentável e sustentável face às forças que determinam a concorrência no sector." (Porter ;1998)

As empresas são normalmente partes de cadeias de abastecimento que ligam as etapas do processo, como a aquisição de matérias-primas, o fabrico, a montagem e a entrega ao cliente final. O facto de uma empresa conseguir ser competitiva e criar bons resultados não depende apenas do seu desempenho interno, mas também do desempenho dos seus parceiros de colaboração. A capacidade de criar relações comerciais com clientes, fornecedores e outros parceiros estratégicos baseia-se na confiança, pelo que o empenhamento a longo prazo se torna um parâmetro competitivo essencial.

Nas actuais indústrias competitivas, as cadeias de abastecimento estão a tornar-se mais importantes e a concorrência é vista como ocorrendo entre cadeias de abastecimento e não entre empresas. A gestão da cadeia de abastecimento (SCM) é um conceito de gestão que tem por objetivo gerir os diferentes aspectos das cadeias de abastecimento. Uma SCM eficiente é considerada uma chave para o sucesso numa situação de mercado internacional e competitivo (Mattson 2002).

Atualmente, muitas organizações são forçadas a aumentar a sua quota de mercado global para sobreviverem e manterem os seus objectivos de crescimento. Ao mesmo tempo, estas mesmas organizações defendêm a sua quota de mercado nacional dos concorrentes internacionais. O desafio é como aumentar a logística global e a rede de distribuição, de modo a enviar os produtos para os clientes que os procuram num conjunto de canais em constante mudança. O posicionamento estratégico dos stocks é essencial para que os produtos estejam disponíveis quando os clientes os querem. (Handfield. et al, 2002, p.38)

A competitividade a longo prazo depende, portanto, da forma como a empresa satisfaz as preferências dos clientes em termos de serviço, custo, qualidade e flexibilidade, através da conceção da cadeia de abastecimento, que será mais eficaz e eficiente do que os concorrentes. A otimização deste equilíbrio é um desafio constante para as empresas que fazem parte da rede da cadeia de abastecimento, apresentada na figura 1-1.

1.1 Evolução histórica

Seis grandes movimentos podem ser observados na evolução dos estudos de gestão da cadeia de abastecimento: criação, integração e globalização, fases de especialização um e dois, e SCM 2.0. (Movahedi et al., 2009)

1.1.1 Era da criação

O termo "gestão da cadeia de abastecimento" foi cunhado pela primeira vez por Keith Oliver em 1982. No entanto, o conceito de cadeia de abastecimento na gestão já era de grande importância muito antes, no início do século XX, especialmente com a criação da linha de montagem. As características desta era da gestão da cadeia de abastecimento incluem a necessidade de mudanças em grande escala, a reengenharia, a redução de efectivos impulsionada por programas de redução de custos e a atenção generalizada às práticas de gestão japonesas. No entanto, o termo tornou-se amplamente adotado após a publicação do livro seminal Introduction to Supply Chain Management em 1999 por Robert B. Handfield e Ernest L. Nichols, Jr. que publicou mais de 25.000 cópias e foi traduzido para japonês, coreano, chinês e russo.(Handfield 1999)

1.1.2 Era da integração

Esta era dos estudos sobre a gestão da cadeia de abastecimento foi evidenciada com o desenvolvimento de sistemas de intercâmbio eletrónico de dados (EDI) na década de 1960, e desenvolvida na década de 1990 com a introdução de sistemas de planeamento de recursos empresariais (ERP). Esta era continuou a desenvolver-se no século XXI com a expansão dos sistemas de colaboração baseados na Internet. Esta era de evolução da cadeia de abastecimento é caracterizada pelo aumento do valor acrescentado e pela redução dos custos através da integração.

Uma cadeia de abastecimento pode ser classificada como uma rede de fase 1, 2 ou 3. Numa cadeia de abastecimento do tipo fase 1, sistemas como a produção, o armazenamento, a distribuição e o controlo de materiais não estão ligados e são independentes uns dos outros. Numa cadeia de abastecimento de fase 2, estes sistemas estão integrados num plano e são compatíveis com o ERP. Uma cadeia de abastecimento de fase 3 é aquela que consegue uma integração vertical com fornecedores a montante e clientes a jusante. Um exemplo deste tipo de cadeia de abastecimento é a Tesco.

1.1.3 Era da globalização

O terceiro movimento de desenvolvimento da gestão da cadeia de abastecimento, a era da globalização, pode ser caracterizado pela atenção dada aos sistemas globais de relações com fornecedores e pela expansão das cadeias de abastecimento para além das fronteiras nacionais e para outros continentes. Embora a utilização de fontes globais nas cadeias de abastecimento das organizações remonte a várias décadas (por exemplo, na indústria petrolífera), só no final dos anos 80 é que um número considerável de organizações começou a integrar fontes globais na sua atividade principal. Esta era é caracterizada pela globalização da gestão da cadeia de abastecimento nas organizações, com o objetivo de aumentar a sua vantagem competitiva, acrescentar valor e reduzir custos através do aprovisionamento global.

1.1.4 Era da especialização (Fase I): Produção e distribuição externalizadas

Na década de 1990, as empresas começaram a concentrar-se nas "competências nucleares" e na especialização. Abandonaram a integração vertical, venderam operações não essenciais e subcontrataram essas funções a outras empresas. Isto alterou os requisitos de gestão, alargando a cadeia de abastecimento para além das paredes da empresa e distribuindo a gestão por parcerias especializadas da cadeia de abastecimento.

Esta transição também reorientou as perspectivas fundamentais de cada organização. Os fabricantes de equipamento original (OEM) tornaram-se proprietários de marcas que exigiam uma visibilidade profunda da sua base de fornecimento. Tinham de controlar toda a cadeia de fornecimento a partir de cima, em vez de a partir de dentro.

Os fabricantes contratados tiveram de gerir listas de materiais com diferentes esquemas de numeração de peças de vários OEMs e apoiar os pedidos dos clientes para visibilidade do trabalho em curso e inventário gerido pelo fornecedor (VMI).

O modelo de especialização cria redes de fabrico e distribuição compostas por várias cadeias de abastecimento individuais específicas para produtores, fornecedores e clientes que trabalham em conjunto para conceber, fabricar, distribuir, comercializar, vender e prestar assistência a um produto. Este conjunto de parceiros pode mudar de acordo com um determinado mercado, região ou canal, resultando numa proliferação de ambientes de parceiros comerciais, cada um com as suas características e exigências únicas.

1.1.5 Era da especialização (Fase II): Gestão da cadeia de abastecimento como um serviço

A especialização na cadeia de abastecimento começou na década de 1980 com a criação de corretores de transportes, gestão de armazéns e transportadores não baseados em activos, e amadureceu para além do transporte e da logística, abrangendo aspectos de planeamento do abastecimento, colaboração, execução e gestão do desempenho.

As forças do mercado exigem, por vezes, mudanças rápidas por parte dos fornecedores, prestadores de serviços de logística, locais ou clientes no seu papel de componentes das redes da cadeia de abastecimento. Esta variabilidade tem efeitos significativos na infraestrutura da cadeia de abastecimento, desde as camadas de base que estabelecem e gerem a comunicação eletrónica entre parceiros comerciais, até requisitos mais complexos como a configuração de processos e fluxos de trabalho que são essenciais para a gestão da própria rede.

A especialização da cadeia de abastecimento permite que as empresas melhorem as suas competências globais da mesma forma que o fabrico e a distribuição externalizados; permite-lhes concentrarem-se nas suas competências nucleares e reunir redes de parceiros específicos, os melhores da sua classe, para contribuir para a própria cadeia de valor global, aumentando assim o desempenho e a eficiência globais. A capacidade de obter e implementar rapidamente esta especialização em cadeia de abastecimento específica de um domínio sem desenvolver e manter internamente uma competência totalmente única e complexa é uma das principais razões pelas quais a especialização em cadeia de abastecimento está a ganhar popularidade.

O alojamento de tecnologia subcontratada para soluções da cadeia de abastecimento surgiu no final da década de 1990 e enraizou-se principalmente nas categorias de transporte e colaboração. Este processo evoluiu do modelo de fornecedor de serviços de aplicações (ASP), aproximadamente de 1998 a 2003, para o modelo a pedido, aproximadamente de 2003 a 2006, e para o modelo de software como serviço (SaaS), atualmente em destaque.

1.1.6 Gestão da cadeia de abastecimento 2.0 (SCM 2.0)

Com base na globalização e na especialização, o termo "SCM 2.0" foi cunhado para descrever tanto as mudanças nas próprias cadeias de abastecimento como a evolução dos processos, métodos e ferramentas para as gerir nesta nova "era". A crescente popularidade das plataformas de colaboração é realçada pelo crescimento da plataforma de colaboração da cadeia de abastecimento Trade Card, que liga vários compradores e fornecedores a instituições financeiras, permitindo-lhes realizar transacções financeiras automatizadas da cadeia de abastecimento.

A Web 2.0 é uma tendência na utilização da World Wide Web que visa aumentar a criatividade, a partilha de informações e a colaboração entre os utilizadores. Na sua essência, o atributo comum da Web 2.0 é ajudar a navegar na vasta informação disponível na Web para encontrar o que está a ser comprado. É a noção de um caminho utilizável. O SCM 2.0 replica esta noção nas operações da cadeia de abastecimento. É o caminho para os resultados da SCM, uma combinação de processos, metodologias, ferramentas e opções de entrega para orientar as empresas para os seus resultados rapidamente, à medida que a complexidade e a velocidade da cadeia de abastecimento aumentam devido à concorrência global; às rápidas flutuações de preços; ao aumento dos preços do petróleo; aos ciclos de vida curtos dos produtos; à especialização alargada; ao near, far e off-shoring; e à escassez de talentos.

O SCM 2.0 utiliza soluções concebidas para fornecer rapidamente resultados com a capacidade de gerir rapidamente mudanças futuras para obter flexibilidade, valor e sucesso contínuos. Isto é fornecido através de redes de competências compostas pela melhor experiência da cadeia de fornecimento para compreender quais os elementos, tanto a nível operacional como organizacional, que produzem resultados, bem como através de uma compreensão profunda de como gerir estes elementos para alcançar os resultados desejados. As soluções são fornecidas numa variedade de opções, tais como sem contacto através da subcontratação de processos empresariais, com contacto intermédio através de serviços geridos e software como um serviço (SaaS), ou com contacto elevado no modelo tradicional de implementação de software.(www.wikipedia.org)

1.2 Elementos da gestão da cadeia de abastecimento

A gestão da cadeia de abastecimento integra a gestão da oferta e da procura. De acordo com o Council of Supply Chain Management Professionals, engloba "o planeamento e a gestão de todas as actividades envolvidas no fornecimento e aquisição, conversão e logística". A gestão da cadeia de abastecimento também abrange a coordenação e a colaboração com parceiros de canal, tais como clientes, fornecedores, distribuidores e prestadores de serviços. Os elementos básicos da gestão da cadeia de abastecimento são os seguintes:-

1.2.1 Gestão da procura

A gestão da procura é um elemento essencial na gestão da cadeia de abastecimento, centrando as empresas e os seus parceiros na satisfação das necessidades dos clientes e não no processo de produção. A empresa líder na cadeia de abastecimento sensibiliza os parceiros para as necessidades dos clientes, incentivando-os a maximizar a qualidade dos componentes ou do fornecimento e a acrescentar valor ao produto acabado. Ao sensibilizar para as necessidades dos clientes e aumentar a colaboração, as empresas podem melhorar a competitividade de toda a cadeia de abastecimento e aumentar as oportunidades de negócio para todos os membros.

1.2.3 Comunicação

Uma comunicação eficaz ajuda toda a cadeia de abastecimento a melhorar a eficiência e a produtividade das suas operações, permitindo que todos os membros partilhem a mesma procura e informação operacional. A comunicação mantém todos os membros informados dos desenvolvimentos que afectam a sua contribuição para a cadeia de abastecimento, permitindo-lhes ajustar rapidamente as suas operações de acordo com as condições de procura em mudança. Uma comunicação eficaz também permite que os membros respondam rapidamente a novas oportunidades de negócio, ajudando a colocar rapidamente novos produtos no mercado ou a aumentar os níveis de fornecimento após uma campanha de marketing bem sucedida.

1.2.4 Integração

A integração dos processos da cadeia de abastecimento ajuda cada membro a reduzir os seus custos de inventário - uma chave para uma gestão bem sucedida da cadeia, de acordo com um estudo de caso sobre o retalhista Wal-Mart realizado pela Universidade de São Francisco. Os fornecedores partilham informações actualizadas sobre a procura para encaminhar os seus produtos para os armazéns da Wal-Mart para posterior envio para as lojas com um tempo mínimo em inventário. Isto reduz significativamente os custos da Wal-Mart, permitindo-lhe oferecer aos clientes preços altamente competitivos. Para atingir este nível de integração, as empresas desenvolvem redes de informação únicas que permitem a todos os membros aceder e partilhar dados sobre a oferta e a procura de forma segura. As redes baseiam-se em normas abertas, como o Protocolo Internet, para que todos os membros possam comunicar, mesmo que tenham redes internas diferentes.

1.2.5 Colaboração

A colaboração na cadeia de abastecimento reforça as relações entre os membros, melhorando o trabalho em equipa e ajudando todos os membros a aumentar o seu negócio. As empresas líderes gerem programas de desenvolvimento empresarial e de formação para melhorar o conhecimento do mercado e dos produtos dos parceiros da cadeia de abastecimento. Também realizam programas conjuntos de desenvolvimento de novos produtos com parceiros que contribuem com conhecimentos especializados de componentes e materiais.

1.2.6 Previsão

Uma previsão é um prognóstico do que irá acontecer no futuro. Os meteorologistas prevêem o tempo, os locutores desportivos e os apostadores prevêem os vencedores dos jogos de futebol e as empresas tentam prever a quantidade do seu produto que será vendida no futuro. Uma previsão da procura de produtos é a base das decisões de planeamento mais importantes. As previsões da procura de produtos determinam a quantidade de inventário necessária, a quantidade de produto a fabricar e a quantidade de material a comprar aos fornecedores para satisfazer as necessidades previstas dos clientes. Isto, por sua vez, determina o tipo de transporte necessário e a localização das fábricas, armazéns e centros de distribuição, para que os produtos e serviços possam ser entregues a tempo. Sem previsões exactas, devem ser mantidas grandes existências de inventário dispendioso em cada fase da cadeia de abastecimento para compensar as incertezas da procura dos clientes. Se as existências forem insuficientes, o serviço ao cliente é prejudicado devido a entregas tardias e rupturas de stock. Esta situação é especialmente prejudicial no atual ambiente empresarial global competitivo, em que o serviço ao cliente e a entrega atempada são factores críticos.

Uma tendência recente na conceção da cadeia de abastecimento é o reabastecimento contínuo, em que a atualização contínua dos dados é partilhada entre fornecedores e clientes. Neste sistema, os clientes são continuamente reabastecidos, diariamente ou até mais, pelos seus fornecedores com base nas vendas efectivas.

O reabastecimento contínuo, normalmente gerido pelo fornecedor, reduz o inventário para a empresa e acelera a entrega ao cliente. As variações do reabastecimento contínuo incluem a resposta rápida, o JIT, o VMI (inventário gerido pelo fornecedor) e o inventário sem stock. Estes sistemas baseiam-se fortemente em previsões de curto prazo extremamente exactas, normalmente numa base semanal, das vendas finais ao cliente final. O fornecedor num dos extremos da cadeia de abastecimento de uma empresa deve prever a procura do cliente da empresa no outro extremo da cadeia de abastecimento, a fim de manter um reabastecimento contínuo. A previsão também tem de ser capaz de responder a alterações súbitas e rápidas da procura. Geralmente, também são necessárias previsões mais longas baseadas em dados históricos de vendas para seis a doze meses no futuro, para ajudar a efetuar previsões semanais e sugerir alterações de tendências.

1.3 Funções

A gestão da cadeia de abastecimento é uma abordagem multifuncional que inclui a gestão do movimento de matérias-primas para uma organização, certos aspectos do processamento interno de materiais em produtos acabados e o movimento de produtos acabados para fora da organização e em direção ao consumidor final. À medida que as organizações se esforçam por se concentrarem nas competências essenciais e por se tornarem mais flexíveis, reduzem a sua propriedade sobre as fontes de matérias-primas e os canais de distribuição. Estas funções são cada vez mais subcontratadas a outras empresas que podem realizar as actividades de forma melhor ou mais rentável. O efeito é o aumento do número de organizações envolvidas na satisfação da procura dos clientes, ao mesmo tempo que se reduz o controlo de gestão das operações logísticas diárias. Menos controlo e mais parceiros na cadeia de abastecimento levaram à criação do conceito de gestão da cadeia de abastecimento. O objetivo da gestão da cadeia de abastecimento é melhorar a confiança e a colaboração entre os parceiros da cadeia de abastecimento, melhorando assim a visibilidade do inventário e a velocidade do movimento do inventário. (www.wikipedia.org)

1.3.1 Integração de processos empresariais

Uma SCM bem sucedida requer uma mudança da gestão de funções individuais para a integração de actividades em processos chave da cadeia de abastecimento. Num cenário exemplificativo, um departamento de compras efectua encomendas à medida que as suas necessidades se tornam conhecidas. O departamento de marketing, respondendo à procura dos clientes, comunica com vários distribuidores e retalhistas enquanto tenta determinar formas de satisfazer essa procura. A informação partilhada entre os parceiros da cadeia de abastecimento só pode ser totalmente aproveitada através da integração de processos.

A integração do processo empresarial da cadeia de abastecimento envolve trabalho colaborativo entre compradores e fornecedores, desenvolvimento conjunto de produtos, sistemas comuns e informação partilhada. O funcionamento de uma cadeia de abastecimento integrada requer um fluxo de informação contínuo. No entanto, em muitas empresas, a administração concluiu que a otimização dos fluxos de produtos não pode ser realizada sem a implementação de uma abordagem por processos. Os principais processos da cadeia de abastecimento são:

- Gestão da relação com o cliente

- Gestão do serviço ao cliente

- Estilo de gestão da procura

- Cumprimento das encomendas

- Gestão do fluxo de fabrico

- Gestão das relações com os fornecedores

- Desenvolvimento e comercialização de produtos

- Gestão das devoluções

1.3.1.1 Processo de gestão do serviço ao cliente

A gestão da relação com o cliente diz respeito à relação entre uma organização e os seus clientes. O serviço de apoio ao cliente é a fonte de informação sobre os clientes. Também fornece ao cliente informações em tempo real sobre a programação e a disponibilidade dos produtos através de interfaces com as operações de produção e distribuição da empresa. As organizações bem sucedidas utilizam os seguintes passos para construir relações com os clientes:

- determinar objectivos mutuamente satisfatórios para a organização e os clientes

- estabelecer e manter uma relação com os clientes

- induzir sentimentos positivos na organização e nos clientes

1.3.1.2 Processo de aquisição

São elaborados planos estratégicos com os fornecedores para apoiar o processo de gestão do fluxo de fabrico e o desenvolvimento de novos produtos. Nas empresas que operam a nível mundial, o sourcing pode ser gerido numa base global. O resultado desejado é uma relação em que ambas as partes beneficiam e uma redução do tempo necessário para a conceção e desenvolvimento do produto. A função de compras pode também desenvolver sistemas de comunicação rápida, tais como o intercâmbio eletrónico de dados (EDI) e a ligação à Internet, para transmitir mais rapidamente eventuais necessidades. As actividades relacionadas com a obtenção de produtos e materiais de fornecedores externos envolvem o planeamento de recursos, o aprovisionamento, a negociação, a colocação de encomendas, o transporte de entrada, o armazenamento, o manuseamento e a garantia de qualidade, muitas das quais incluem a responsabilidade de coordenar com os fornecedores questões de programação, continuidade do aprovisionamento, cobertura e investigação de novas fontes ou programas.

1.3.1.3 Desenvolvimento e comercialização de produtos

Neste caso, os clientes e os fornecedores devem ser integrados no processo de desenvolvimento do produto, a fim de reduzir o tempo de chegada ao mercado. medida que os ciclos de vida dos produtos diminuem, os produtos adequados devem ser desenvolvidos e lançados com sucesso em prazos cada vez mais curtos para que as empresas se mantenham competitivas. De acordo com Lambert e Cooper (2000), os gestores do processo de desenvolvimento e comercialização de produtos devem:

- Coordenar com a gestão da relação com o cliente para identificar as necessidades articuladas pelo cliente.

- Selecionar materiais e fornecedores em colaboração com o aprovisionamento.

- Desenvolver tecnologia de produção no fluxo de fabrico para fabricar e integrar no melhor fluxo da cadeia de abastecimento para a combinação dada de produto e mercados.

1.3.1.4 Processo de gestão do fluxo de fabrico

O processo de fabrico produz e fornece produtos aos canais de distribuição com base em previsões anteriores. Os processos de fabrico devem ser flexíveis para responder às mudanças do mercado e devem acomodar a personalização em massa. As encomendas são processos que funcionam numa base just-intime (JIT) em lotes mínimos. As alterações no processo de fabrico conduzem a tempos de ciclo mais curtos, o que significa uma maior capacidade de resposta e eficiência na satisfação da procura dos clientes. Este processo gere as actividades relacionadas com o planeamento, a programação e o apoio às operações de fabrico, tais como o armazenamento do trabalho em curso, o manuseamento, o transporte e a faseamento temporal dos componentes, o inventário nos locais de fabrico e a máxima flexibilidade na coordenação das montagens geográficas e finais, adiando as operações de distribuição física.

1.3.1.5 Distribuição física

Trata-se da deslocação de um produto ou serviço acabado até aos clientes. Na distribuição física, o cliente é o destino final de um canal de marketing, e a disponibilidade do produto ou serviço é uma parte vital do esforço de marketing de cada participante no canal. É também através do processo de distribuição física que o tempo e o espaço do serviço ao cliente se tornam parte integrante do marketing. Assim, liga um canal de marketing aos seus clientes (ou seja, liga fabricantes, grossistas e retalhistas)

1.3.1.6 Subcontratação/Parcerias

Isto inclui não só a externalização da aquisição de materiais e componentes, mas também a externalização de serviços que tradicionalmente eram prestados internamente. A lógica desta tendência é que a empresa se concentrará cada vez mais nas actividades da cadeia de valor em que tem uma vantagem distintiva e externalizará tudo o resto. Este movimento tem sido particularmente evidente na logística, onde a prestação de serviços de transporte, armazenamento e controlo de stocks é cada vez mais subcontratada a especialistas ou parceiros logísticos. Além disso, a gestão e o controlo desta rede de parceiros e fornecedores exige uma combinação de envolvimento central e local: as decisões estratégicas são tomadas a nível central, enquanto o acompanhamento e o controlo do desempenho dos fornecedores e a ligação quotidiana com os parceiros logísticos são mais bem geridos a nível local.

1.3.1.7 Medição do desempenho

Os peritos encontraram uma forte relação entre os maiores arcos de integração de fornecedores e clientes e a quota de mercado e a rendibilidade. Tirar partido das capacidades dos fornecedores e dar ênfase a uma perspetiva de longo prazo da cadeia de abastecimento nas relações com os clientes podem estar ambos correlacionados com o desempenho de uma empresa. À medida que a competência logística se torna um fator crítico na criação e manutenção da vantagem competitiva, a medição do desempenho logístico torna-se cada vez mais importante, porque a diferença entre operações rentáveis e não rentáveis torna-se mais estreita. A A.T. Kearney Consultants (1985) observou que as empresas que se dedicam à medição global do desempenho registaram melhorias na produtividade global. De acordo com os especialistas, as medidas internas são geralmente recolhidas e analisadas pela empresa, incluindo custos, serviço ao cliente, produtividade, medição de activos e qualidade. O desempenho externo é medido através de medidas de perceção do cliente e de avaliação comparativa das "melhores práticas".

1.3.1.8 Gestão de armazéns

Para reduzir os custos e as despesas de uma empresa, a gestão de armazéns diz respeito ao armazenamento, à redução dos custos de mão de obra, à autoridade de expedição com entrega atempada, às instalações de carga e descarga numa área adequada, ao sistema de gestão de stocks, etc.

1.3.1.9 Gestão do fluxo de trabalho

Integrar os fornecedores e os clientes num fluxo de trabalho ou num processo comercial e, assim, conseguir uma cadeia de abastecimento eficiente e eficaz é um objetivo fundamental da gestão do fluxo de trabalho (Lambert; 2005)

Capítulo 2

2.1 Revisão da literatura

2.1.1 Henrick *et al* ;2011 estudaram a análise empírica das práticas de gestão do risco na cadeia de abastecimento. O estudo baseou-se num inquérito a 67 fábricas realizado na indústria automóvel alemã. Foram criados grupos que representam duas abordagens diferentes, ou seja, a gestão reactiva e preventiva dos riscos da cadeia de abastecimento. Os grupos de empresas com um grau elevado e baixo de gestão do risco da cadeia de abastecimento foram investigados e as análises revelam que as empresas com um elevado grau de implementação apresentam um melhor desempenho da cadeia de abastecimento. Este estudo centra-se exclusivamente na indústria automóvel. Outras investigações poderiam transferir as ideias para outras indústrias, como a eletrónica ou a maquinaria, a fim de testar a validade geral dos resultados.

2.1.2 C. Ranganathan *et al.*, 2011, estudaram os principais antecedentes e o impacto no desempenho da *GCS* através da Web. Nesta investigação, centraram-se em dois objectivos principais: (i) compreender os principais antecedentes que afectam a capacitação das actividades de GCS através da Web e documentar os impactos no desempenho dos esforços de *GCS* através da Web. Utilizando um inquérito por questionário em grande escala a organizações norte-americanas, determinaram a influência de seis factores - sinergia entre fornecedores, intensidade da informação, conhecimentos de TI da gestão, infraestrutura de TI interoperável, perceção do retorno dos investimentos em TI e mecanismos formais de governação - na extensão da *GCS* baseada na Web. Os resultados revelam uma forte influência positiva dos factores supramencionados na dimensão da *GCS baseada na Web*, bem como uma associação negativa entre as percepções relativas de custo-benefício e a dimensão da *GCS* baseada na Web. Dado que os investigadores limitaram o seu estudo a seis factores, é possível que existam vários outros factores, como a estrutura da cadeia de abastecimento, a complexidade dos processos, etc., que possam influenciar potencialmente a viabilização das actividades *de GCS através da Web.*

Ana Beatriz et *al;* 2011 estudou os fatores que afetam a adoção da gestão da cadeia de suprimentos no Brasil eletro-eletrônico. Os principais objetivos deste trabalho foram identificar as práticas de GCS que estão sendo adotadas pelas empresas brasileiras de eletroeletrônicos e identificar quais fatores afetam a adoção de práticas *de GCS*. A literatura internacional sobre práticas de GEC foi pesquisada e quatro hipóteses foram geradas e analisadas estatisticamente. Os resultados indicam que três das hipóteses são suportadas e que a adoção de práticas de GEC é mais orientada para os clientes.

Constantin Blome et *al;* 2011 efectuaram um estudo de caso sobre a gestão do risco da cadeia de abastecimento em crises financeiras. O estudo forneceu uma panorâmica geral e uma avaliação do estado atual da SCRM nas empresas, analisou especificamente a adaptação da SCRM à atual situação económica terrível e descreveu a forma como as empresas reagiram à crise financeira com a adaptação dos seus sistemas de gestão do risco e a forma como as empresas de produção e de serviços diferiram na adoção da SCRM. No futuro, após o fim da crise financeira, o comportamento das empresas pode ser estudado, caso tenham aprendido lições valiosas durante a crise.

Gupta et *al;* 2011 efectuou uma investigação para compreender como as iniciativas organizacionais e as políticas governamentais podem ser estruturadas para facilitar a incorporação da sustentabilidade na conceção e gestão de toda a cadeia de abastecimento. Foi analisado o estado atual da investigação académica sobre a gestão sustentável da cadeia de abastecimento. Um quadro integrativo que resume a literatura existente em quatro grandes categorias: (i) considerações estratégicas; (ii) decisões em interfaces funcionais; (iii) regulamentação e políticas governamentais e (iv) modelos integrativos e ferramentas de apoio à decisão teve como objetivo proporcionar aos gestores uma compreensão matizada das questões e compromissos envolvidos na tomada de decisões relacionadas com a gestão sustentável da cadeia de abastecimento.

Zhaohui et *al;* 2011 utiliza a construção de teoria através de estudos de caso para responder às questões de como é que as organizações equilibram a rentabilidade a curto prazo e a sustentabilidade ambiental a longo prazo quando fazem a gestão da cadeia de abastecimento? identificaram também quatro posturas ambientais que ajudam a explicar as decisões que as organizações tomam quando lidam com compromissos estratégicos entre os elementos económicos, ambientais e sociais do triple-bottom-line.

lavastre *et al;* 2012estudaram empiricamente 142 gestores gerais, gestores de logística e gestores da cadeia de abastecimento em 50 empresas francesas diferentes. O estudo demonstrou que a SCRM deve ser uma função de gestão, ou seja, de natureza interorganizacional e intimamente relacionada com as realidades estratégicas e operacionais da atividade em questão. O estudo também sugeriu que uma SCRM eficaz se baseia na colaboração e no estabelecimento de processos transversais comuns e conjuntos com parceiros industriais.

Rexhausen *et al;* 2012 estudaram o impacto da gestão da procura e da distribuição no sucesso da cadeia de abastecimento recolhendo dados de 116 empresas multinacionais sediadas na Europa e analisaram-nos utilizando a técnica de modelação de equações estruturais e concluíram que o desempenho de uma procura elevada tem um impacto positivo substancial no desempenho global da cadeia de abastecimento e que não há provas de que a gestão da procura possa ser um facilitador de uma gestão eficaz da distribuição.

Bearzotti *et al*; 2012 apresenta uma abordagem baseada em agentes para o problema de gestão de eventos da cadeia de abastecimento, que pode realizar acções de controlo corretivo autónomas para minimizar o efeito do desvio no plano a executar. O trabalho futuro deve contemplar o desenvolvimento de novos algoritmos para melhorar o modelo de negociação, especificamente para melhorar a geração do espaço de soluções e a capacidade de selecionar as melhores soluções utilizando o JADE.

Teller *et al*; 2012 estudaram áreas para melhorar o nível de execução da gestão da cadeia de abastecimento (*SCM*). Com base num inquérito a 174 gestores seniores de grandes organizações, foi realizada uma modelação de equações estruturais seguida de uma análise de importância-desempenho em três etapas. Os resultados mostram que as condições internas *da GCS*, especificamente as tecnologias da informação e os recursos humanos, são os principais factores de melhoria do nível total de execução *da GCS*.

Ho-Kang *et al;* 2012 discutiram as implicações de gestão e investigação da gestão sustentável da cadeia de abastecimento. Com base na necessidade e nos requisitos da gestão sustentável da cadeia de abastecimento, argumentámos sobre o tipo de estratégias que a empresa deve adotar para obter a sustentabilidade na sua cadeia de abastecimento. Finalmente, do ponto de vista da empresa que tem uma cadeia de abastecimento não sustentável, estabelecemos o quadro para o desenvolvimento de estratégias para construir a cadeia de abastecimento sustentável, o que poderia ajudar a empresa a fazer uma aplicação prática, bem como poderia ser sugerido como direcções de investigação de trabalhos futuros para a apoiar.

Caridi *et al;* 2012 realizaram um inquérito de média escala na indústria do mobiliário italiana para investigar se as escolhas da cadeia de abastecimento dependem da modularidade e da inovação do produto e como as escolhas da CS podem ser alinhadas com estas características do produto para obter o máximo desempenho. O estudo do envolvimento dos fornecedores no desenvolvimento de produtos em função da modularidade e da capacidade de inovação pode ser utilizado para compreender a adoção de determinadas práticas de gestão da cadeia de abastecimento.

Wuttke *et al.,* 2013, realizaram entrevistas para estudar o fluxo financeiro das cadeias de abastecimento com 40 gestores e concluíram que os gestores podem melhorar o capital de exploração da cadeia de abastecimento a montante com a *FSCM* antes da expedição. Em vez de realizar entrevistas ao nível do fornecedor e ao nível do comprador de forma diferente, pode ser interessante para estudos futuros utilizar a paralelização das entrevistas.

Zhang *et al;* 2013 criaram um bi-objetivo para a conceção da cadeia de abastecimento da produção dispersa no contexto de uma empresa em crescimento que opera na China costeira. Será vantajoso realizar mais experiências para diferentes sectores de produtos e alargar o modelo bi-objetivo a um caso de produtos múltiplos. Poderiam também ser acrescentadas restrições de capacidade. Além disso, o modelo poderia ser alargado de modo a incorporar elementos estocásticos para ter em conta os factores de risco que existem nas cadeias de abastecimento globais.

Stiller *et al* investigaram os factores humanos que eram críticos para o êxito da cadeia de abastecimento e para o desenvolvimento do jogo de gestão. Verificaram que os conhecimentos especializados tinham um grande impacto no desempenho, mas as competências cognitivas não tinham qualquer impacto. O estudo sugeriu que o jogo desenvolvido é um contributo valioso para a qualificação dos gestores da qualidade.

Jayant *et al;* 2014 determinaram a relação entre as barreiras e identificaram as barreiras mais influentes da lista de barreiras. Foram identificadas vinte barreiras, dezanove números foram identificados como variáveis de ligação e uma variável de condutor. Os contributos deste trabalho consistiram em identificar as barreiras à implementação da *GSCM* na indústria indiana e em dar-lhes prioridade.

Ascencio *et al;* 2014 estuda o quadro logístico colaborativo para uma cadeia logística portuária com base nos princípios *SCM* que se baseiam numa melhoria integral das operações multiempresas. Podem ser analisados os impactos na utilização de recursos e na eficiência da operação interna com base num sistema de marcação de camiões juntamente com a estrutura colaborativa proposta.

Venugopalan *et al;* 2014 estudaram os modelos *SCM* existentes e melhoraram-nos, estudando a sua aplicação na *SCM* global. Estudaram o impacto da escolha do fornecedor correto para a procura solicitada.

Abdullah *et al;* 2014 estudaram o impacto da confiança e da partilha de informações na *GCS*. Foi utilizada uma amostra de inquérito de 232 grossistas, distribuidores e retalhistas na Malásia para demonstrar que a confiança e a partilha de informações influenciam significativamente o nível de compromisso da relação entre o grossista e os seus principais parceiros comerciais. Recomenda-se vivamente a expansão do modelo em termos de construções e de dimensão da amostra.

Avelar *et al;* 2014 estudaram um modelo de equação estrutural para determinar os efeitos da demanda, do fornecedor e dos processos como fatores de risco. Concluíram que o fator flexibilidade não tem qualquer relação com os outros factores determinados. Em pesquisas futuras, permite avaliar as atividades de risco que têm efeitos negativos sobre o desempenho da cadeia de suprimentos em empresas de exportação de manufatura no México

Mangla *et al;* 2014 utilizaram a simulação de Monte Carlo para avaliar os riscos por meio de simulação para atrasar as consequências das perturbações do risco. Inicialmente, foram identificadas várias incertezas e, posteriormente, os resultados da MCS exemplificam as consequências do atraso do risco.

Kumar *et al;* 2014 estudaram A globalização da economia, o comércio eletrónico e a introdução de novas tecnologias colocam novos desafios a todas as organizações, especialmente às pequenas e médias empresas (PME).

2.1 Lacuna de investigação

- O conceito de gestão da cadeia de abastecimento nas indústrias transformadoras ainda não foi totalmente explorado.

- A gestão da cadeia de abastecimento como calculadora de desempenho ainda não é aplicada nas indústrias transformadoras para melhorar o seu produto.

Capítulo 3

Conceção do estudo

3.1 Necessidade de estudo

Basicamente, a gestão da cadeia de abastecimento é uma técnica de melhoria da qualidade e de redução de erros que é utilizada por muitas pequenas e grandes indústrias. Esta técnica é utilizada em todo o mundo por pequenas e grandes indústrias. Mas ainda há muitas indústrias que não são capazes de satisfazer os clientes. Por isso, é necessário um estudo para descobrir o efeito da gestão da cadeia de abastecimento nas indústrias transformadoras na NCR (região da capital nacional)

3.2 Objetivo

- Descobrir a ideia de SCM nas indústrias transformadoras.
- Analisar o efeito da SCM no desempenho das indústrias transformadoras.

3.3 Âmbito de aplicação

A presente investigação será realizada na região NCR (Nova Deli, Deli, Gurgoan, Noida, Faridabad, Rohtak, Panipat, Jind e Ghaziabad)

3.4 Metodologia

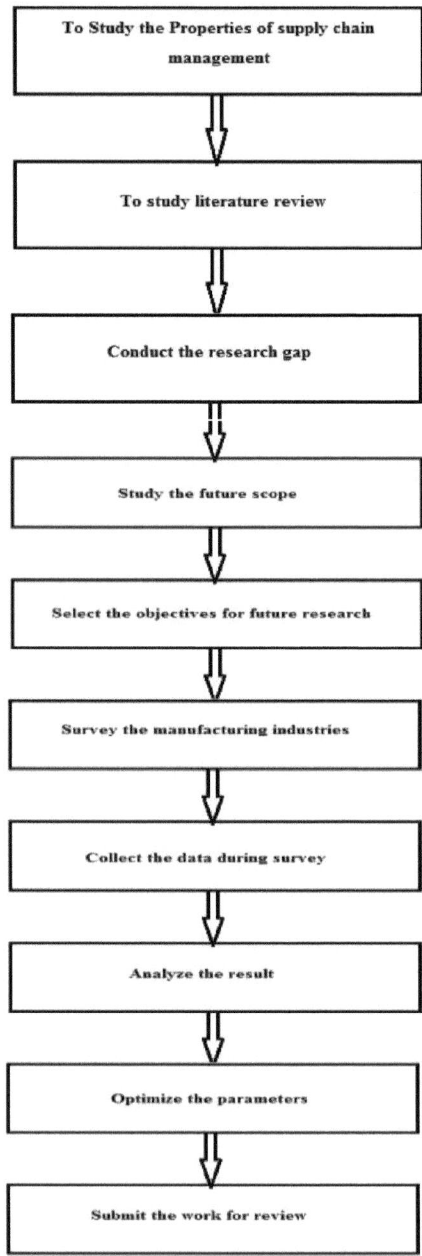

To Study the Properties of supply chain management
To study literature review
Conduct the research gap
Study the future scope
Select the objectives for future research
Survey the manufacturing industries
Collect the data during survey
Analyze the result
Optimize the parameters
Submit the work for review

Capítulo 4

Análise de dados

4.1Introdução

O capítulo demonstra as conclusões inferidas a partir dos dados recolhidos no questionário construído, tal como discutido no capítulo anterior. Este capítulo aborda o objetivo desejado do estudo de investigação de uma forma analítica, com a aplicação adequada das ferramentas estatísticas e de análise. A análise dos dados recolhidos foi efectuada no software PASW STATISTICS 18. As ferramentas estatísticas utilizadas no capítulo foram, *tabela de distribuição de frequências, correlação de karlpearson, modelo de regressão múltipla.* A classificação do capítulo, com base na análise efectuada em função dos objectivos do estudo de investigação, foi a seguinte

4.2 Fiabilidade: *Análise da fiabilidade do questionário com base no Alfa de Croanbach*

Nesta secção, mediu-se a consistência interna do questionário. O alfa de Croanbach é uma medida de consistência interna, ou seja, a proximidade entre um conjunto de itens e um grupo. Os índices alfa de Croanbach foram avaliados para o *questionário global.*

Quanto mais elevada for a pontuação, mais fiável é a escala criada. (Nunnaly, 1978) indicou 0,7 como sendo um coeficiente de fiabilidade aceitável, mas na literatura são por vezes utilizados limiares mais baixos. Neste caso, o valor do alfa de Croanbach para o questionário global é de 0,871, o que mostra que o questionário é altamente fiável.

Quadro 4.1 Alfa de Croanbach do questionário

	Croanbach Alpha
Questionnaire	0.871

4.3 Análise das respostas

Os inquiridos foram avaliados em relação a várias afirmações baseadas nos parâmetros do

Seis Sigma. Os dados foram recolhidos dos inquiridos numa escala de quatro pontos relativamente à implementação de várias questões, ou seja, de modo algum, em certa *medida, razoavelmente bem* e *em grande medida*. Os quadros seguintes apresentam a distribuição das respostas em percentagem obtidas dos inquiridos em todas as afirmações

Quadro 4.2 Análise de resposta de todos os parâmetros

S. No	FACTORS	No. of Companies Scoring Points				Total No. of Responses (N)	Total Points Scored (TPS) **	Percent Points Score (PPS) $\frac{TPS}{4*N}100$
		A	B	C	D			
		1	2	3	4			
1	Ques 14	2	11	28	11	52	152	73.07693
2	Close partnership with suppliers	6	9	17	20	52	155	74.51923
3	Close partnership with customers	5	13	12	22	52	155	74.51923
4	JIT supply	2	9	22	19	52	162	77.88463
5	e-procurement	5	8	15	24	52	162	77.88463
6	EDI	4	10	24	14	52	152	73.07693
7	Outsourcing	7	6	19	20	52	156	75
8	Subcontracting	9	9	15	19	52	148	71.15385
9	Holding safety stock	7	5	19	21	52	158	75.96155
10	Material Requirements Planning (MRP)	3	8	16	25	52	167	80.28845
11	Manufacturing Resources Planning (MRPII)	1	8	25	18	52	164	78.84615
12	Enterprise Resource Planning (ERP)	8	13	15	16	52	143	68.75
13	Customer Relationships Management (CRM)	6	10	18	18	52	152	73.07693
14	Supplier Relationships Management (SRM)	4	9	24	15	52	154	74.03845
15	Just In Time (JIT)	2	10	19	21	52	163	78.36538
16	E-business	9	5	28	10	52	143	68.75
17	Decision support / expert system	3	6	19	24	52	168	80.76923

18	Bar coding	7	8	16	21	52	155	74.51923
19	Better quality and quantity of information	8	13	15	16	52	143	68.75
20	Flexibility	3	5	16	22	52	149	80.97825
21	Reduced lead-time	1	9	22	20	52	165	79.32693
22	Cost saving	6	9	15	22	52	157	75.48078
23	Forecasting	3	8	26	15	52	157	75.48078
24	Resource planning	5	8	22	17	52	155	74.51923
25	Better operational efficiency	2	9	22	19	52	162	77.88463
26	Reduced inventory level	3	11	17	21	52	160	76.92308
27	More accurate costing	6	7	19	20	52	157	75.48078
28	Resistance to change employees	4	11	22	15	52	152	73.07693
29	Resources shortages e.g. no maintenance and update	2	15	20	15	52	152	73.07693
30	Skills shortages e.g. Computer illiteracy within the company	9	11	22	10	52	137	65.86538
31	Insufficient vendor support	5	13	12	22	52	155	74.51923
32	Hidden cost	7	9	19	17	52	150	72.11538
33	Integration with supplier's system	8	10	17	17	52	147	70.67308
34	More funding and financial support	5	12	19	16	52	150	72.11538
35	Better infrastructure e.g. telecommunications, road, etc	9	6	24	13	52	145	69.71155
36	Improved information provision	11	5	15	21	52	150	72.11538
37	Increased regional cooperation between institutions, e.g. chamber of commerce	9	7	19	17	52	148	71.15385
** (Total Points Scored 'TPS' = A x 1 + B x 2 + C x 3 + D x 4)								

A análise do quadro supra revelou que 42,30% dos inquiridos indicaram que a GCS é influenciada pelo fornecimento JIT numa medida razoável e 36,53% numa grande medida. Foi analisado que, na sua maioria, 28,84% e 46,15% dos inquiridos indicaram que a contratação eletrónica afecta a GCS de forma razoável ou em grande medida, respetivamente, e que 36,53% e 38,46% dos inquiridos indicaram que a externalização era seguida de forma razoável ou em grande medida, respetivamente.

Após uma análise mais aprofundada, verificou-se que a manutenção de existências de segurança é considerada importante na GCS em 36,53% e 40,38%, respetivamente, em grande e razoável medida. O planeamento das necessidades de materiais é seguido em 30,76% e 48,07%, respetivamente, em grande e razoável medida. Em contrapartida, o planeamento dos recursos de produção é seguido em 48,07% e 34,16%, respetivamente, em grande e razoável medida.

Além disso, o sistema de apoio à decisão é considerado importante em 36,53% e 46,15%, respetivamente, em grau razoável e em grau elevado. A flexibilidade é considerada importante em 30,76% e 42,30%, respetivamente, em grande e razoável medida. A poupança de custos é de extrema importância, sendo referida por 28,84% e 42,30%, respetivamente, em grande e razoável medida. Do mesmo modo, a redução do nível de existências é de 32,69% e 40,38%, respetivamente, em grande e razoável medida. Contrariamente a estes, a previsão é referida por 50% e 28,84%, em grau razoável e em grande grau, respetivamente.

4.4 *Análise de correlação*

A análise de correlação foi realizada nesta secção, com o objetivo de identificar a relação entre cada afirmação no âmbito dos parâmetros de entrada e de saída. Além disso, a direção da perceção foi medida utilizando a correlação, avaliando as afirmações, uma vez que todas foram medidas na mesma escala. O processo de correlação foi a Correlação de Karl Pearson com um nível de significância de 0,05.

Quadro 4.3 Matriz de correlação de Karl Pearson dos factores de entrada com os factores de saída

INPUTS	OUTPUTS			
	O1	O2	O3	O4

I1	.684	.404	.453	.448
I2	.696	.472	.505	.471
I3	.675	.450	.451	.354
I4	.704	.478	.511	.526
I5	.638	.443	.422	.508
I6	.525	.395	.377	.358
I7	.569	.547	.554	.482
I8	.639	.529	.655	.521
I9	.708	.522	.584	.508
I10	.631	.491	.507	.413
I11	.610	.400	.432	.475
I12	.448	.348	.500	.527
I13	.471	.436	.554	.556
I14	.354	.359	.468	.472
I15	.526	.412	.553	.552
I16	.508	.481	.496	.553
I17	.358	.453	.564	.531
I18	.482	.474	.612	.590
I19	.521	.515	.581	.606
I20	.508	.467	.596	.555
I21	.413	.488	.575	.482
I22	.475	.498	.470	.449
I23	.500	.527	.684	.404

I24	.554	.556	.696	.472
I25	.468	.472	.675	.450
I26	.553	.552	.704	.478
I27	.496	.553	.638	.443
I28	.564	.531	.525	.395
I29	.612	.590	.569	.547
I30	.581	.606	.639	.529
I31	.596	.555	.708	.522
I32	.575	.482	.631	.491
I33	.470	.449	.610	.400

O objetivo da matriz de correlação acima referida era estabelecer a relação e a sua direção entre os parâmetros da GCS nas organizações. A hipótese também foi enquadrada para a significância da relação entre os parâmetros a níveis de significância de 0,05.

H01: Não existe relação entre Mais financiamento e apoio financeiro e os parâmetros de entrada.

A análise da matriz de correlação acima referida mostrou que a hipótese nula acima assumida não era aceitável, uma vez que as correlações obtidas entre Mais financiamento e apoio financeiro e os parâmetros de entrada eram significativas e estavam a ser afectadas na organização de uma forma positiva.

Concluiu-se que a correlação de Mais financiamento e apoio financeiro com os parâmetros *I1* (r = 0,684*), *I2*(r = 0,696*), *I3*(r = 0.675*), *I4*(r = 0,704*), *I9*(r = 0,708*), *I5*(r = 0,638*), *I8*(r = 0,639*), *I10*(r = 0,631*), *I11*(r = 0,610*) e *I29*(r = 0,612*) foi significativamente positiva.

: **Não existe relação entre melhores infra-estruturas, por exemplo, telecomunicações, estradas, etc., e os parâmetros de entrada**

A análise da matriz de correlação acima referida mostrou que a hipótese nula acima assumida não era aceitável, uma vez que as correlações obtidas entre as melhores infra-estruturas, por exemplo, telecomunicações, estradas, etc., e os parâmetros de entrada eram significativas e estavam a ser afectadas na organização de uma forma positiva.

Concluiu-se que a correlação entre as melhores infra-estruturas, por exemplo, telecomunicações, estradas, etc., e os parâmetros *I24* (r = 0,556*), *I26* (r = 0,552*), *I27* (r = 0,553*), *I29* (r = 0,590*), *I30* (r = 0,606*) e *I31* (r = 0,555*) era significativamente positiva.

H03: Não existe relação entre a melhoria da prestação de informações e os parâmetros de entrada

A análise da matriz de correlação acima referida mostrou que a hipótese nula assumida não era aceitável, uma vez que as correlações obtidas entre o fornecimento de informações melhoradas e os parâmetros de entrada eram significativas e estavam a ser afectadas na organização de uma forma positiva.

Concluiu-se que a correlação entre o fornecimento de informações melhoradas e os parâmetros *I8*(r = 0,655*), *I18*(r = 0,612*), *I23*(r = 0,684*), *I24*(r = 0.696*), *I25(r = 0,675*)*, *I26*(r = 0,704*), *I27*(r = 0,638*), *I30*(r = 0,639*), *I31*(r = 0,708*), *I32*(r = 0,631*) e *I33*(r = 0,618*) foi significativamente positivo.

H04: Não existe relação entre o aumento da cooperação regional entre instituições, por exemplo, câmaras de comércio, e os parâmetros de entrada

A análise da matriz de correlação acima referida mostrou que a hipótese nula acima assumida não era aceitável, uma vez que as correlações obtidas entre a cooperação regional reforçada entre instituições, por exemplo, a câmara de comércio e os parâmetros de entrada eram significativas e estavam a ser afectadas na organização de uma forma positiva.

Concluiu-se que a correlação da cooperação regional reforçada entre instituições, por exemplo, a câmara de comércio, com os parâmetros *I13* (r = 0,556*), *I18* (r = 0,590*), *I19* (r = 0,606*) *e* I20 (r = 0,555*) foi significativamente positiva.

4.5 Análise de Regressão

O modelo de regressão linear múltipla foi aplicado nesta secção para desenvolver o modelo matemático entre a variável dependente, como todos os processos de produção, e a variável independente, como todos os parâmetros das competências de produção e do sucesso estratégico. O modelo matemático desenvolvido era único para todos os processos de produção. Foi também efectuada uma análise ANOVA para determinar a significância do modelo de regressão e a significância dos parâmetros independentes foi identificada com o teste t para os coeficientes de regressão.

4.5.1 Mais financiamento e apoio financeiro

Tabela 4.4 Análise de regressão

(a)

Model Summary			
Model	R	R Square	Adjusted R Square	Std. Error of the Estimate
1	.692	.531	.494	.482
Predictors: (Constant), I1 TO I33			

(b)

ANOVA				
Model	Sum of Squares	Df	Mean Square	F
Regression	65.241	32	2.038	10.541
Residual	7.245	18	.402	
Total	72.486	50		
Predictors: (Constant), I1 TO I33				
Dependent Variable: More funding and financial support				

(c)

	Un Standardized Coefficients		Standardized Coefficients	
	B	Std. Error	Beta	t
(Constant)	1.052041	0.243689		4.530769
Ques 14	0.033673	0.033981	0.147706	1.050549
Close partnership with suppliers	0.05	0.03301	0.287156	2.124176
Close partnership with customers	-0.01633	0.024272	-0.0945	0.703297
JIT supply	0.027551	0.048544	0.110092	2.795604
e-procurement	-0.05714	0.039806	-0.24771	2.624176
EDI	-0.01122	0.03301	-0.04862	1.998901
Outsourcing	0.12551	0.028155	0.497248	4.696703
Subcontracting	-0.08265	0.023301	-0.46789	3.752747
Holding safety stock	0.039796	0.032039	0.255046	1.284615
Material Requirements Planning (MRP)	0.058163	0.045631	0.17156	1.326374
Manufacturing Resources Planning (MRPII)	0.015306	0.025243	0.087156	0.645055
Enterprise Resource Planning (ERP)	0.07551	0.03301	0.269725	2.4

Customer Relationships Management (CRM)	-0.05102	0.032039	-0.23945	2.194505
Supplier Relationships Management (SRM)	0.082653	0.023301	0.390826	3.645055
Just In Time (JIT)	0.061224	0.047573	0.199083	1.351648
E-business	-0.10306	0.038835	-0.35872	2.77033
Decision support / expert system	-0.03163	0.03301	-0.11193	2.107692
Bar coding	0.003061	0.027184	0.009174	0.104396
Better quality and quantity of information	-0.03265	0.02233	-0.15046	1.508791
Flexibility	0.097959	0.032039	0.511927	3.21978
Reduced lead-time	-0.09286	0.04466	-0.22202	2.149451
Cost saving	0.115306	0.024272	0.52844	5.008791
Forecasting	-0.01633	0.049515	-0.05413	0.332967
Resource planning	0.04898	0.048544	0.222018	2.157143
Better operational efficiency	-0.04388	0.035922	-0.20183	2.184615
Reduced inventory level	-0.04286	0.070874	-0.13486	0.637363
More accurate costing	-0.11633	0.058252	-0.39266	2.097802
Resistance to change employees	0.117347	0.048544	0.402752	2.507692
Resources shortages e.g. no maintenance and update	0.090816	0.040777	0.282569	2.313187
Skills shortages e.g. Computer illiteracy within the company	0.015306	0.033981	0.069725	0.485714
Insufficient vendor support	0.104082	0.047573	0.522018	2.275824

| Hidden cost | 0.119388 | 0.067961 | 0.275229 | 1.847253 |
| Integration with supplier's system | -0.0949 | 0.036893 | -0.41835 | 2.691209 |

Seguem-se os resultados da regressão para a variável dependente *mais financiamento e apoio financeiro* e todos os restantes parâmetros de entrada como variável independente. O modelo de regressão desenvolvido foi significativo, uma vez que a análise ANOVA revelou um teste F = 13,27, p < 0,05. Para além disso, o modelo de regressão de *mais financiamento e apoio financeiro foi* explicado em 56,7% das variâncias pelos seus preditores. Os factores de previsão identificados na análise foram Parceria estreita com os fornecedores, Fornecimento JIT, e-procurement, EDI, Outsourcing, Subcontratação, Manutenção de existências de segurança, Planeamento das necessidades de materiais (MRP), Gestão das relações com os clientes (CRM), Gestão das relações com os fornecedores (SRM), E-business, Apoio à decisão/sistema pericial, Melhor qualidade e quantidade de informação, Flexibilidade, Redução do prazo de entrega, Poupança de custos, Melhor eficiência operacional, Cálculo de custos mais exato, Resistência à mudança dos empregados, Escassez de recursos, e. g. não manutenção e atualização, Insuficiência de recursos, Insuficiência de recursos, etc.por exemplo, ausência de manutenção e atualização, apoio insuficiente do fornecedor, custos ocultos, integração com o sistema do fornecedor.

4.5.2 Melhores infra-estruturas, por exemplo, telecomunicações, estradas, etc.

Tabela 4.5 Análise de regressão

(a)

Model Summary				
Model	R	R Square	Adjusted R Square	Std. Error of the Estimate
1	.722	.625	.591	.507
Predictors: (Constant), I1 TO I33				

(b)

ANOVA				
Model	Sum of Squares	Df	Mean Square	F

Regression	56.368	32	1.761	9.871
Residual	11.324	18	.629	
Total	67.692	50		
Predictors: (Constant), I1 TO I33				
Dependent Variable: Better infrastructure e.g. telecommunications, road, etc				

(c)

	Un Standardized Coefficients		Standardized Coefficients	
	B	Std. Error	Beta	t
(Constant)	1.073511	0.236591		4.978867
Ques 14	0.03436	0.032991	0.13551	1.154449
Close partnership with suppliers	0.05102	0.032049	0.263446	2.334259
Close partnership with customers	-0.01666	0.023565	-0.0867	0.772854
JIT supply	0.028113	0.04713	0.101002	3.072092
e-procurement	-0.05831	0.038647	-0.22726	2.88371
EDI	-0.01145	0.032049	-0.04461	2.196595
Outsourcing	0.128071	0.027335	0.456191	5.161212
Subcontracting	-0.08434	0.022622	-0.42926	4.123898
Holding safety stock	0.040608	0.031106	0.233987	1.411665
Material Requirements Planning (MRP)	0.05935	0.044302	0.157394	1.457554
Manufacturing Resources Planning (MRPII)	0.015618	0.024508	0.07996	0.708852
Enterprise Resource Planning (ERP)	0.077051	0.032049	0.247454	2.637363
Customer Relationships Management (CRM)	-0.05206	0.031106	-0.21968	2.411544
Supplier Relationships Management (SRM)	0.08434	0.022622	0.358556	4.005555

Just In Time (JIT)	0.062473	0.046187	0.182645	1.485327
E-business	-0.10516	0.037704	-0.3291	3.044319
Decision support / expert system	-0.03228	0.032049	-0.10269	2.316145
Bar coding	0.003123	0.026392	0.008417	0.114721
Better quality and quantity of information	-0.03332	0.02168	-0.13804	1.658012
Flexibility	0.099958	0.031106	0.469658	3.53822
Reduced lead-time	-0.09476	0.043359	-0.20369	2.362034
Cost saving	0.117659	0.023565	0.484807	5.504166
Forecasting	-0.01666	0.048073	-0.04966	0.365898
Resource planning	0.04998	0.04713	0.203686	2.370487
Better operational efficiency	-0.04478	0.034876	-0.18517	2.400676
Reduced inventory level	-0.04373	0.06881	-0.12372	0.700399
More accurate costing	-0.1187	0.056555	-0.36024	2.305277
Resistance to change employees	0.119742	0.04713	0.369497	2.755705
Resources shortages e.g. no maintenance and update	0.092669	0.039589	0.259238	2.541964
Skills shortages e.g. Computer illiteracy within the company	0.015618	0.032991	0.063968	0.533752

Insufficient vendor support	0.106206	0.046187	0.478916	2.500905
Hidden cost	0.121824	0.065982	0.252504	2.029948
Integration with supplier's system	-0.09684	0.035818	-0.38381	2.957373

Seguem-se os resultados da regressão para a variável dependente *Melhores infra-estruturas, por exemplo, telecomunicações, estradas, etc.* e todos os restantes parâmetros de entrada como variável independente. O modelo de regressão desenvolvido foi significativo, uma vez que a análise ANOVA revelou um teste $F = 15,17$, $p < 0,05$. Além disso, o modelo de regressão de *Melhores infra-estruturas, por exemplo, telecomunicações, estradas, etc.*, foi explicado em 61,0% das variações pelos seus preditores. Os factores de previsão identificados na análise Parceria estreita com os fornecedores, fornecimento JIT, e-procurement, EDI, Outsourcing, Subcontratação, Manutenção de existências de segurança, Planeamento das necessidades de materiais (MRP), Planeamento dos recursos empresariais (ERP), Gestão das relações com os clientes (CRM), Gestão das relações com os fornecedores (SRM), E-business, Apoio à decisão/sistema pericial, Melhor qualidade e quantidade de informação, Flexibilidade, Redução do prazo de entrega, Poupança de custos, Melhor eficiência operacional, Planeamento de recursos, Cálculo de custos mais exato, Resistência à mudança dos empregados, Escassez de recursos, e. g. não manutenção e atualização, Insuficiência de recursos, etc.por exemplo, ausência de manutenção e atualização, apoio insuficiente do fornecedor, custos ocultos, integração com o sistema do fornecedor.

4.5.3 Melhoria da prestação de informações

Tabela 4.6 Análise de regressão

(a)

Model Summary				
Model	R	R Square	Adjusted R Square	Std. Error of the Estimate
1	.675	.585	.543	.517

Model Summary				
Model	R	R Square	Adjusted R Square	Std. Error of the Estimate
1	.675	.585	.543	.517
Predictors: (Constant), I1 TO I33				

(b)

ANOVA				
Model	Sum of Squares	Df	Mean Square	F
Regression	72.245	32	2.257	12.375
Residual	10.485	18	.582	
Total	82.730	50		
Predictors: (Constant), I1 TO I33				
Dependent Variable: Improved information provision				

(c)

	Un Standardized Coefficients		Standardized Coefficients	
	B	Std. Error	Beta	T
(Constant)	1.032222	0.2297		5.471282
Ques 14	0.033038	0.03203	0.124321	1.268625
Close partnership with suppliers	0.049058	0.031116	0.241694	2.56512
Close partnership with customers	-0.01602	0.022879	-0.07954	0.84929
JIT supply	0.027032	0.045757	0.092662	3.375925
e-procurement	-0.05607	0.037521	-0.2085	3.168912
EDI	-0.01101	0.031116	-0.04093	2.413841
Outsourcing	0.123145	0.026539	0.418524	5.671662
Subcontracting	-0.0811	0.021963	-0.39382	4.531756
Holding safety stock	0.039046	0.0302	0.214667	1.55128
Material Requirements Planning (MRP)	0.057067	0.043012	0.144398	1.601708
Manufacturing Resources Planning (MRPII)	0.015017	0.023794	0.073358	0.778958
Enterprise Resource Planning (ERP)	0.074088	0.031116	0.227022	2.898201
Customer Relationships Management (CRM)	-0.05006	0.0302	-0.20154	2.650048

Supplier Relationships Management (SRM)	0.081096	0.021963	0.32895	4.401709
Just In Time (JIT)	0.06007	0.044842	0.167564	1.632227
E-business	-0.10112	0.036606	-0.30193	3.345405
Decision support / expert system	-0.03104	0.031116	-0.09421	2.545214
Bar coding	0.003003	0.025623	0.007722	0.126067
Better quality and quantity of information	-0.03204	0.021049	-0.12664	1.821991
Flexibility	0.096113	0.0302	0.430879	3.888154
Reduced lead-time	-0.09112	0.042096	-0.18687	2.595642
Cost saving	0.113134	0.022879	0.444777	6.048534
Forecasting	-0.01602	0.046673	-0.04556	0.402086
Resource planning	0.048058	0.045757	0.186868	2.604931
Better operational efficiency	-0.04306	0.03386	-0.16988	2.638105
Reduced inventory level	-0.04205	0.066806	-0.1135	0.769669
More accurate costing	-0.11413	0.054908	-0.3305	2.533271
Resistance to change employees	0.115137	0.045757	0.338988	3.028247
Resources shortages e.g. no maintenance and update	0.089105	0.038436	0.237833	2.793367
Skills shortages e.g. Computer illiteracy within the company	0.015017	0.03203	0.058686	0.586541
Insufficient vendor support	0.102121	0.044842	0.439372	2.748247
Hidden cost	0.117138	0.06406	0.231655	2.230712

Integration with supplier's system	-0.09312	0.034775	-0.35212	3.24986

Seguem-se os resultados da regressão para a variável dependente "*melhor fornecimento de informações"* e todos os restantes parâmetros de entrada como variável independente. O modelo de regressão desenvolvido foi significativo, uma vez que a análise ANOVA revelou um teste F = 8,03, $p < 0,05$. Além disso, o modelo de regressão da *Melhoria da prestação de informações foi* explicado em 45,0% das variâncias pelos seus factores de previsão.

Os factores de previsão identificados a partir da análise foram Parceria estreita com os fornecedores, Fornecimento JIT, e-procurement, EDI, Outsourcing, Subcontratação, Manutenção de stocks de segurança, Planeamento das necessidades de materiais (MRP), Planeamento de recursos empresariais (ERP), Gestão das relações com os clientes (CRM), Gestão das relações com os fornecedores (SRM), E-business, Apoio à decisão/sistema especializado, Melhor qualidade e quantidade de informação, Flexibilidade, Redução do prazo de entrega, Poupança de custos, Planeamento de recursos, Melhor eficiência operacional, Cálculo de custos mais preciso, Resistência à mudança dos funcionários, Escassez de recursos, por exemplo, falta de manutenção e atualização, Apoio insuficiente ao fornecedor, Custo oculto, Integração com o sistema do fornecedor.por exemplo, ausência de manutenção e atualização, apoio insuficiente do fornecedor, custos ocultos, integração com o sistema do fornecedor.

4.5.4 Reforço da cooperação regional entre instituições, por exemplo, câmaras de comércio

Tabela 4.7 Análise de regressão

(a)

Model Summary				
Model	R	R Square	Adjusted R Square	Std. Error of the Estimate
1	.675	.585	.543	.517
Predictors: (Constant), I1 TO I33				

(b)

ANOVA				
Model	Sum of Squares	Df	Mean Square	F
Regression	80.314	32	2.509	13.574
Residual	15.279	18	.848	
Total	95.593	50		
Predictors: (Constant), I1 TO I33				
Dependent Variable:Increased regional cooperation between institutions, e.g. chamber of commerce				

(c)

	Un Standardized Coefficients		Standardized Coefficients	
	B	Std. Error	Beta	t
(Constant)	0.992521	0.236804		4.559402
Ques 14	0.031767	0.033021	0.136616	1.057188
Close partnership with suppliers	0.047171	0.032078	0.265598	2.1376
Close partnership with customers	-0.0154	0.023587	-0.08741	0.707742
JIT supply	0.025992	0.047172	0.101826	2.813271
e-procurement	-0.05391	0.038681	-0.22912	2.64076
EDI	-0.01059	0.032078	-0.04498	2.011534
Outsourcing	0.118409	0.02736	0.459916	4.726385
Subcontracting	-0.07798	0.022642	-0.43277	3.776463
Holding safety stock	0.037544	0.031134	0.235898	1.292733
Material Requirements Planning (MRP)	0.054872	0.044342	0.158679	1.334757
Manufacturing Resources Planning (MRPII)	0.014439	0.02453	0.080613	0.649132
Enterprise Resource Planning (ERP)	0.071238	0.032078	0.249475	2.415168
Customer Relationships Management (CRM)	-0.04813	0.031134	-0.22147	2.208373
Supplier Relationships Management (SRM)	0.077977	0.022642	0.361484	3.668091
Just In Time (JIT)	0.05776	0.046229	0.184136	1.360189

E-business	-0.09723	0.037738	-0.33179	2.787838
Decision support / expert system	-0.02985	0.032078	-0.10353	2.121012
Bar coding	0.002888	0.026415	0.008486	0.105056
Better quality and quantity of information	-0.03081	0.0217	-0.13916	1.518326
Flexibility	0.092416	0.031134	0.473493	3.240128
Reduced lead-time	-0.08762	0.043398	-0.20535	2.163035
Cost saving	0.108783	0.023587	0.488766	5.040445
Forecasting	-0.0154	0.048116	-0.05007	0.335072
Resource planning	0.04621	0.047172	0.205349	2.170776
Better operational efficiency	-0.0414	0.034907	-0.18668	2.198421
Reduced inventory level	-0.04043	0.068872	-0.12473	0.641391
More accurate costing	-0.10974	0.056606	-0.36319	2.111059
Resistance to change employees	0.110709	0.047172	0.372514	2.523539
Resources shortages e.g. no maintenance and update	0.085678	0.039625	0.261355	2.327806
Skills shortages e.g. Computer illiteracy within the company	0.014439	0.033021	0.06449	0.488784
Insufficient vendor support	0.098193	0.046229	0.482826	2.290206
Hidden cost	0.112633	0.066041	0.254566	1.858927
Integration with supplier's system	-0.08954	0.035851	-0.38695	2.708217

Seguem-se os resultados da regressão para a variável dependente *Aumento da cooperação regional entre instituições, por exemplo, câmara de comércio* e todos os restantes parâmetros de entrada como variável independente. O modelo de regressão desenvolvido foi significativo, uma vez que a análise ANOVA revelou um teste F = 14,09, p < 0,05. Para além disso, o modelo de regressão do *aumento da cooperação regional entre instituições, por exemplo, a câmara de comércio, foi* explicado em 61,0% das variações pelos seus preditores. Os factores de previsão identificados na análise foram Parceria estreita com fornecedores, Fornecimento JIT, e-procurement, EDI, Outsourcing, Subcontratação, Manutenção de existências de segurança,

Planeamento das necessidades de materiais (MRP), Planeamento de recursos empresariais (ERP), Gestão das relações com os clientes (CRM), Gestão das relações com os fornecedores (SRM), E-business, Melhor qualidade e quantidade de informação, Flexibilidade, Redução do prazo de entrega, Poupança de custos, Planeamento de recursos, Melhor eficiência operacional, Cálculo de custos mais preciso, Resistência à mudança dos empregados, Escassez de recursos, e.g. falta de manutenção e atualização, apoio insuficiente do fornecedor, custo oculto, integração com o sistema do fornecedor.

Capítulo 5

5.1 Conclusão

Os instrumentos estatísticos utilizados no capítulo foram a *tabela de distribuição de frequências, a correlação de Karlpearson e o modelo de regressão múltipla*. A classificação do capítulo com base na análise efectuada em função dos objectivos do estudo de investigação foi a seguinte A *análise da fiabilidade do questionário com base no alfa de Croanbach permitiu verificar* que 42,30% dos inquiridos referem que a GCS é influenciada pelo fornecimento JIT numa medida razoável e 36,53% numa medida importante. Foi analisado que, na sua maioria, 28,84% e 46,15% dos inquiridos indicaram que a contratação eletrónica afecta a GCS de forma razoável ou em grande medida, respetivamente, e que 36,53% e 38,46% dos inquiridos indicaram que a externalização era seguida de forma razoável ou em grande medida, respetivamente.

Após uma análise mais aprofundada, verificou-se que a manutenção de existências de segurança é considerada importante na GCS em 36,53% e 40,38%, respetivamente, em grande e razoável medida. O planeamento das necessidades de materiais é seguido em 30,76% e 48,07%, respetivamente, em grande e razoável medida. Em contrapartida, o planeamento dos recursos de produção é seguido em 48,07% e 34,16%, respetivamente, em grande e razoável medida.

Além disso, o sistema de apoio à decisão é considerado importante em 36,53% e 46,15%, respetivamente, em grau razoável e em grau elevado. A flexibilidade é considerada importante em 30,76% e 42,30%, respetivamente, em grande e razoável medida. A poupança de custos é de extrema importância, tendo sido referida por 28,84% e 42,30%, respetivamente, em grande e razoável medida.

Do mesmo modo, a redução do nível de existências é de 32,69% e 40,38%, respetivamente, em grau razoável e em grau elevado. Ao contrário destes, a previsão é de 50% e 28,84%, respetivamente, em grau razoável e em grau elevado.

A análise da Matriz de Correlação de Karl Pearson dos Factores de Entrada com os Factores de Saída mostrou que as correlações obtidas entre mais financiamento e apoio financeiro, melhores infra-estruturas, por exemplo, telecomunicações, estradas, etc., melhor fornecimento de informação, maior cooperação regional entre instituições, por exemplo, câmara de comércio, e parâmetros de entrada eram significativas e estavam a ser afectadas na organização de uma forma positiva.

Na análise de regressão linear múltipla, os preditores identificados na análise foram Parceria estreita com os fornecedores, Fornecimento JIT, e-procurement, EDI, Outsourcing, Subcontratação, Manutenção de existências de segurança, Planeamento das necessidades de materiais (MRP), Planeamento de recursos empresariais (ERP), Gestão das relações com os clientes (CRM), Gestão das relações com os fornecedores (SRM), Negócio eletrónico, Melhor qualidade e quantidade de informação, Flexibilidade, Redução do prazo de entrega, Poupança de custos, Planeamento de recursos, Melhor eficiência operacional, Cálculo de custos mais preciso, Resistência à mudança dos funcionários, Escassez de recursos, por exemplo, falta de manutenção e atualização, Apoio insuficiente ao fornecedor, Custo oculto, Integração com o sistema do fornecedor.g. falta de manutenção e atualização, apoio insuficiente do fornecedor, custos ocultos, integração com o sistema do fornecedor.

5.2Ambito futuro

- O trabalho pode ser realizado noutras partes do país.

- Para investigação futura, podem ser estudados vários outros tipos de indústrias.

- Podem ser efectuados estudos de caso com base no presente trabalho.

REFRÊNCIAS

1. Adams S. (1995), the Development of Strategic Performance Metrics, *Engineering Management Journal*, Vol. 7, Iss: 1, pp. 24-32.

2. Anbanandam R et al., (2011), Evaluation of supply Chain Collaboration: A Case of Apparel Retail Industry in India, *International Journal of Productivity and Performance* Management, vol. 60, Iss: 2, pp.82 - 98

3. Broto Rauth Bhardwaj , (2016) , "Role of green policy on sustainable supply chain management", Benchmarking:, *An International Journal*, Vol. 23 Iss: 2 pp. 456 - 468

4. Choy K. La et al., (2003), An Intelligent Supplier Relationship Management System for Selecting and Benchmarking Suppliers, *International Journal of Technology Management*, vol. 26, Iss: 7, pp. 717-42.

5. Cousins P. D. et al., (2003), Strategic Supply and the Management of Interand Intra-Organizational Relationships, *Journal of Purchasing and Supply Management*, vol. 9,Iss:6 pp. 19-29.

6. Croom S. R., (2005), The Impact of E-Business on Supply Chain Management: An Empirical Study of Key Developments, *International Journal of Operations and Production Management*, vol. 25, Iss: 1, pp. 55-73.

7. David Eriksson , (2015), "Elements affecting social responsibility in supply chains", Supply Chain Management , *An International Journal*, Vol. 20 Iss 5 pp. 561 - 566

8. Davide Aloini et al.(2012) "Supply chain management: a review of implementation risks in the construction industry",*Business Process Management Journal*, Vol. 18 Iss: 5,pp.735 761

9. Dasgupta T., (2003), Using the Six-Sigma Metric to Measure and Improve the Performance of a Supply Chain, *Total Quality Management and Business Excellence*, vol. 14, Iss. 3, pp. 355-66

10. Elcio M. Tachizawa, (2015), "Green supply chain management approaches: drivers and performance implications*", International Journal of Operations & Production Management*, Vol. 35 Iss 11 pp. 1546 - 1566

11. Gunjun soni et al. (2016) "Path analysis for proposed framework of SCM excellence in Indian manufacturing industry", *Journal of Manufacturing Technology Management*, Vol. 27 Iss: 4, pp.577-611

12. Green K. W. e Inman R. A., (2005), Using a Just-in-Time Selling Strategy to Strengthen Supply Chain Linkages, *International Journal of Production Research*, vol. 43, Iss. 16, pp. 3437-53.

13. Groves G. e Valsamakis V., (1998), Supplier-Customer Relationships and Company

Performance, *The International Journal of Logistics Management*, vol. 9, Iss. 2, pp. 51- 63

14. Harrison A. e New C, (2002), The Role of Coherent Supply Chain Strategy and Performance Management in Achieving Competitive Advantage: *An International Survey, Journal of the Operational Research Society*, vol. 53, Iss. 3, pp. 263-71.

15. Heriot K. C. e Kulkami S. P., (2001), The use of Intermediate Sourcing Strategies, *Journal of Supply Chain Management,* vol. 37, Iss. 1, pp. 18-26.

16. Hendrick T. E. e Ruch W. A., (1988), Determining Performance Appraisal Criteria for Buyers, *Journal of Purchasing and Materials Management*, vol. 24, Iss. 2, pp. 18-26.

17. Jao-Hong Cheng , (2008), "Trust and knowledge sharing in green supply chains, Supply Chain Management *An International Journal*, Vol. 13 Iss 4 pp. 283 - 295

18. James Freeman Tao Chen. (2015), "Green supplier selection using an ahp-topsis frame work", supply chain management: *An international journal*, vol.20 Iss 3 pp. 327-340

19. Keah Choon Tan (2014) "Antecedents of SCM practices in ASEAN automotive industry: Corporate entrepreneurship, social capital, and resource-based perspectives", *The International Journal of Logistics Management*, Vol. 25 Iss: 2, pp.334357

20. Liqun Du et al. (2007) "Acquiring competitive advantage in industry through supply chain integration: a case study of Yue Yuen Industrial Holdings Ltd", *Journal of Enterprise Information Management,* Vol. 20 Iss: 5, pp. 527-543

21. Perotti, S., Zorzini, M., Cagno, E. e Micheli, G.J.L. (2012), "Green supply chain practices and company performance: the case of 3PLs in Italy", *International Journal of Physical Distribution & Logistics Management*, Vol. 42 Iss. 7, pp. 640-672.

22. Paul D.Larson et al. (2008) "Accreditation program design: a survey of supply chain professionals", *Journal of Enterprise Information Management*, Vol. 21 Issue: 4, pp.377-392

23. Purnendu Mandal et al. (2016) /'Strategic role of information, knowledge and technology in manufacturing industry performance', *Industrial Management & Data Systems*, Vol. 116 Iss: 6, pp.1259-1278

24. Rameshwar Dubey et al. (2013) , "exploring antecedents of extended supply chain management performance measures", *An international journal* , Vol. 22 Iss: 5, pp.752772

25. Sang, M.L., Kim, S.T. e Choi, D. (2012), "Green supply chain management and organizational performance", *Industrial Management & Data Systems*, Vol. 112 Iss. 8, pp. 1148-1180.

26. Seuring, S. (2011), "Supply chain management for sustainable products - insights from research applying mixed methodologies", *Business Strategy and the* Environment, Vol. 20 Iss. 7, pp. 471-484

27. Sonia M. Lo Yu-Anne Shiah (2016), "Associating the motivation with the practices of firms going

green : the moderator role of environment uncertainty", *supply chain management: An international journal*, vol.21 Iss 4 pp. 485-498

28. Sanjay Jharkharia et al. (2006) "Supply chain management: some sectoral dissimilarities in the Indian manufacturing industry", Supply Chain Management: *An International Journal, Vol.* 11 Iss: 4, pp.345-352

29. Thomas Gulledge et al. (2008) "Automating the construction of supply chain key performance indicators*", Industrial Management & Data Systems*, Vol. 108 Iss: 6, pp.750-774

30. Wiengarten, F., Pagell, M. e Fynes, B. (2012), "Supply chain environmental investments in dynamic industries: comparing investment and performance differences with static industries", *International Journal of Production* Economics, Vol. 135 Iss. 2, pp. 541-551.

31. Yong Geng ,(2010), "Green supply chain management in leading manufacturers", *Management Research Review*, Vol. 33 Iss 4 pp. 380 - 392

MIX
Papier aus verantwortungsvollen Quellen
Paper from responsible sources
FSC® C105338

Printed by Books on Demand GmbH, Norderstedt / Germany